Karuna Karki
Biraj Chaudhary

Avaliação do programa de estadia em casa de família na subsistência da comunidade local

Karuna Karki
Biraj Chaudhary

Avaliação do programa de estadia em casa de família na subsistência da comunidade local

ScienciaScripts

Imprint
Any brand names and product names mentioned in this book are subject to trademark, brand or patent protection and are trademarks or registered trademarks of their respective holders. The use of brand names, product names, common names, trade names, product descriptions etc. even without a particular marking in this work is in no way to be construed to mean that such names may be regarded as unrestricted in respect of trademark and brand protection legislation and could thus be used by anyone.

Cover image: www.ingimage.com

This book is a translation from the original published under ISBN 978-3-659-67057-2.

Publisher:
Sciencia Scripts
is a trademark of
Dodo Books Indian Ocean Ltd. and OmniScriptum S.R.L publishing group

120 High Road, East Finchley, London, N2 9ED, United Kingdom
Str. Armeneasca 28/1, office 1, Chisinau MD-2012, Republic of Moldova, Europe
Printed at: see last page
ISBN: 978-620-7-49195-7

AGRADECIMENTOS

Gostaria de expressar os meus sinceros e cordiais agradecimentos às pessoas e instituições ilustres que ajudaram de inúmeras formas a elevar o meu estudo a este nível. Sem o seu apoio e cooperação, este estudo não teria sido concluído nesta forma. Antes de mais, gostaria de exprimir a minha profunda gratidão e os meus sinceros agradecimentos ao meu respeitado orientador Bir Bahadur Khanal Chhetri, doutorado (professor associado) e ao co-orientador Narayan Prasad-Gautam (professor assistente, IOF, Pokhara) e Suresh Shrestha, doutorado (antigo professor), pela sua constante supervisão, orientação, sugestões, apoio e encorajamento durante todo o período de investigação. O meu sincero agradecimento ao Sr. Biraj Chaudhary por me ter ajudado durante todo o trabalho de campo e pelo seu apoio instantâneo ao longo de todo o meu trabalho de investigação. Estou muito grato à Srta. Dikshya Pokhrel, que me deu ideias, sugestões e comentários inestimáveis durante o meu período de investigação. Estou também muito grato ao Programa Hariyo Ban, World Wildlife Fund Nepal, por me ter dado apoio financeiro para completar este programa de Licenciatura em Silvicultura, incluindo a investigação.

Há outras personalidades admiradas, como o Sr. Nurendra Aryal (responsável adjunto pela conservação, CNP, sector ocidental, Amaltari), o Sr. Dhani Ram Gurau (gerente, Amaltari Homestay), a Sra. Pinky Mahato (Amaltari homestay) e a Sra. Gauri Mahato (Amaltari homestay). Agradeço sinceramente aos inquiridos da área de estudo a sua amável cooperação e o seu precioso tempo para responderem aos questionários, apesar de estarem muito ocupados com as suas explorações agrícolas, com os hóspedes e com outras actividades domésticas. Um agradecimento especial ao Instituto de Silvicultura de Pokhara e ao Parque Nacional de Chitwan pela autorização para efetuar o meu trabalho de investigação. Estou muito grato a Beeju Poudyal, Kabita Ghalan, Aruna Poudel e Bishnu Pun pelo seu apoio moral. De igual modo, estou grato a todos os meus colegas pelas suas valiosas sugestões, cooperação amável e reflexão positiva.

O amor e o carinho da minha família sempre me encorajaram e inspiraram a realizar qualquer trabalho intensamente. Estou em dívida para com o apoio dos meus pais em todas as fases da vida, mas não consigo exprimir o meu sentimento por palavras. Devo-lhes todo o meu sucesso. Agradeço a todos os que, ingratamente, me faltaram lembrar e que contribuíram intencionalmente e não intencionalmente para a conclusão do trabalho, bem como a todos os que me apoiam.

Karuna Karki

ABREVAÇÕES

ABZUC: Amaltari Buffer Zone User Committee

BZ: Buffer Zone

BZUG: Buffer Zone User Groups

CNP: Chitwan National Park

DNPWC: The Department of National Park and Wildlife Conservation

HMC: Home Stay Management Committee

HMGN: His Majesty"s Government of Nepal

ICIMOD: International Center for Integrated Mountain Development

ITB: International Tourism Board

IUCN: International Union for Conservation of Nature

MCTCA: Ministry of Culture, Tourism and Civil Aviation

MoCTCA : Ministry of Culture, Tourism and Civil Aviation

NTB: Nepal Tourism Board

TAL: Terai Arc Landscape

UNESCO: United Nations Educational, Scientific and Cultural Organization

UNWTO: The United Nations World Tourism Organization

WWF: World Wildlife Fund

RESUMO

Apesar da importância das estadias em casa de família, que proporcionam aos visitantes uma ampla oportunidade de explorar a verdadeira vida rural nepalesa, os estudos sobre o seu contributo para o bem-estar da comunidade local e o sentimento de satisfação dos visitantes são limitados. A investigação intitulada "**Assessment of Home-stay Program at Amaltari Village of Nawalparasi, Nepal**" (**Avaliação do programa de estadia em casa de família na aldeia de Amaltari de Nawalparasi, Nepal**) foi realizada para identificar a motivação para a adoção da estadia em casa de família, explorar os resultados sociais, económicos e ambientais da estadia em casa de família e o nível de satisfação dos ecoturistas com o programa de estadia em casa de família. Os dados para o estudo foram recolhidos através de um inquérito a informadores-chave, de um inquérito a agregados familiares com 21 números de agregados familiares e de um inquérito a 60 números de visitantes em datas diferentes na aldeia de Amaltari, onde o programa de estadia em casa de família foi implementado a 19 de maio de 2013. Foi utilizada uma escala de Likert de três pontos (concordo a discordo) para analisar o nível de satisfação dos visitantes. Foram utilizadas estatísticas descritivas simples, como a frequência e as percentagens, e médias para analisar os dados, que são apresentados em diferentes gráficos e tabelas.

A melhoria do rendimento familiar (47,6%) e a utilização do tempo livre em trabalho construtivo (42,9%) foram considerados os factores de motivação mais importantes para a realização do programa de alojamento em casa de família na zona. O programa de hospedagem em casa de família contribui para aumentar a renda das famílias que administram a hospedagem em casa de família e para criar empregos para a população local. O rendimento das casas de família foi considerado mais importante para os agregados familiares pobres do que para os mais ricos, uma vez que os agregados familiares pobres geram cerca de 70% do seu rendimento em dinheiro a partir das casas de família, em comparação com apenas cerca de 30% para os agregados familiares mais ricos. As contribuições sociais incluem o aumento do orgulho comunitário, o empoderamento das mulheres e a melhoria das relações comunitárias. A contribuição no sector ambiental, tal como percebida pelas famílias anfitriãs, foi principalmente o aumento das actividades de plantação e de sensibilização para a conservação. Os visitantes ficaram mais satisfeitos com o serviço e a hospitalidade (100%), com o ambiente local (83%) e com a cultura (80%) e menos satisfeitos com o centro de informação ao visitante (21,7%) e com os meios de comunicação (13,3%). A qualidade das instalações e dos serviços e as actividades recreativas foram mais importantes para aumentar o nível de satisfação do que a diminuição do preço da estadia em casa de família. A organização de acções de formação em gestão de casas de família, incluindo saneamento e higiene para as famílias, a melhoria da educação da comunidade, que pode melhorar o sistema de informação, e a capacidade do guia local para interpretar a história, a cultura e o estilo de vida dos Tharu podem ajudar a obter mais benefícios das casas de família na zona. A ligação da aldeia em estudo aos mercados (agências de viagens e de turismo na capital e através da Internet) e aos potenciais visitantes estrangeiros é extremamente importante para a melhoria e o crescimento do alojamento local na zona.

Palavras-chave: Agregado familiar, Rendimento, Satisfação do turista, Perceção, Tharu

ÍNDICE DE CONTEÚDOS

CAPÍTULO 1

INTRODUÇÃO

1.1 Antecedentes

O ecoturismo é uma forma alternativa de turismo que tem vindo a ganhar terreno à escala global nos últimos anos (UNWTO, 2001). É uma das mais recentes oportunidades de gerar rendimentos a partir dos recursos naturais sem destruir o ambiente (Colvin, 1996). Os seus princípios fundamentais referem-se à minimização do impacto negativo no ambiente, à representação das culturas locais e à contribuição ativa para o bem-estar económico das comunidades de acolhimento, bem como das partes interessadas envolvidas. O ecoturismo tem potencial para se tornar um motor do desenvolvimento turístico sustentável e também para proporcionar oportunidades de desenvolvimento às zonas desfavorecidas, marginalizadas e rurais, conduzindo à redução da pobreza. Estimula o desenvolvimento económico e o bem-estar social das pessoas e, ao mesmo tempo, preserva o ambiente natural e o património cultural através da sensibilização. O ecoturismo desempenha um papel importante na criação de emprego e na melhoria do nível de vida das populações locais. Entre os empregos relevantes que podem ser oferecidos à comunidade contam-se os de operador de alojamento em casa de família, operador turístico, guia turístico, produtor de artesanato, operador de restaurante, dançarinos de culturas tradicionais, músicos, logística e outros. A importância das actividades de ecoturismo na diversificação económica e na oportunidade de subsistência utilizando atracções de recursos naturais em zonas rurais remotas tem sido salientada por muitos académicos e organizações, tais como Ashley et al. (2001) e UNWTO (2002).

O desenvolvimento de estadias em casas de família é uma das estratégias com enorme potencial para atingir os objectivos de conservação e desenvolvimento sustentável do ecoturismo nas zonas rurais, garantindo simultaneamente uma maior satisfação dos turistas. Um alojamento em casa de família, pela sua combinação de palavras (homestay), consiste em ficar em casa de alguém como hóspede pagante durante um curto período de tempo. No entanto, o alojamento e os serviços prestados a esses hóspedes são assegurados por uma família individual e pela comunidade. Por conseguinte, o regulamento relativo ao alojamento em casa de família aceitou-o como sendo gerido por um indivíduo ou uma comunidade (Timlasina, 2012). Os hóspedes recebem alojamento e serviços de uma família ou de uma comunidade. A "estadia em casa de família" procura atrair os turistas das zonas urbanas chiques e apinhadas para as localidades rurais repletas de esplêndidos ambientes naturais, proporcionando-lhes alojamento e alimentação limpos, confortáveis e económicos. Assim, o alojamento em casa de família oferece ao viajante uma experiência local única e possibilidades de interação com a família de acolhimento. Oferece aos governos a possibilidade de expandir as actividades económicas para áreas remotas e desenvolver fontes alternativas de rendimento para a população rural, gerando recursos para a conservação da natureza (Gangotia, 2013).

No caso do Nepal, a maioria dos turistas vem para ver os recursos naturais e culturais únicos que se encontram nas zonas rurais dentro e em redor das zonas protegidas. Nestas zonas, as pessoas são pobres e menos instruídas e a sua subsistência depende em grande medida da agricultura de subsistência. A exploração de casas de família em pequena escala requer conhecimentos, competências e recursos físicos limitados, pelo que o seu âmbito é especialmente elevado no Nepal, para envolver as populações rurais no sector do turismo e melhorar os seus meios de subsistência, preservando simultaneamente a natureza e o estilo de vida, a cultura e a identidade rurais. Reconhecendo as suas potencialidades, a Terai Arc Landscape (TAL) introduziu o programa de alojamento em casa de família desde 2011. O programa de alojamento em casa de família do Nepal é um programa comunitário baseado no tema do ecoturismo. Abre uma nova porta para que os habitantes locais melhorem os seus meios de subsistência e as suas condições de recursos e oferece aos turistas oportunidades de interação e experiência direta da vida quotidiana da comunidade. Desde o seu início, um número crescente de habitantes locais está a gerir o programa de alojamento em casa de família e a oferecer aos turistas um lugar na sua cultura local em zonas onde não existem grandes hotéis com instalações modernas ou onde estas não são adequadas.

1.2 Área de estudo

O Nepal é um dos destinos turísticos mais famosos do mundo. Todos os anos, milhares de pessoas de diferentes países visitam o Nepal. O Parque Nacional de Chitwan (CNP) está situado na parte centro-sul do Nepal, cobrindo 932 km2 de área central nas planícies subtropicais do Terai interior. A área foi classificada como CNP em 1973, reconhecendo os seus ecossistemas únicos de importância internacional, sendo o primeiro parque nacional do país. A UNESCO declarou o CNP como Património Natural Mundial em 1984. Em 1996, uma área de 750 km2 em torno do parque foi declarada como Zona Tampão (ZT), que consiste em florestas e terras privadas, incluindo terras cultivadas. A BZUC de Amaltari é uma delas, situada no distrito de Nawalparasi. Com o objetivo de reduzir a dependência das pessoas em relação aos recursos naturais e, ao mesmo tempo, garantir que os seus benefícios possam ser geridos de forma sustentável, foi introduzido em 2013 o conceito de casa de família.

O Comité de Consumidores da Zona Tampão de Amaltari, no âmbito do CNP, iniciou o programa de alojamento em 20 casas da comunidade Tharu em Agyauli-5, no distrito. O comité iniciou o programa em 20 casas para atrair turistas em 19 de maio de 2013. Este é o primeiro local do distrito de Nawalparasi a ter uma casa de família. A casa de família Amaltari está situada a cerca de seis quilómetros a sul de Danda, ao longo da autoestrada Este-Oeste. A aldeia é tipicamente dominada pela comunidade Tharu, uma comunidade aborígene única do Nepal. A área de estudo foi selecionada por ser inibida pela comunidade indígena Tharu, que é famosa pela sua riqueza cultural e tradições, um grande número de eco-turistas visitam a área todos os anos, muitas pessoas locais estão a operar casas de família na área e o programa TAL do World Wildlife Fund (WWF) está a trabalhar com a comunidade local no desenvolvimento de casas de família. O programa TAL apoiou 50 mil NRS (500 euros) por agregado familiar para iniciar um programa de alojamento em casa de família e gerar rendimentos para a comunidade local.

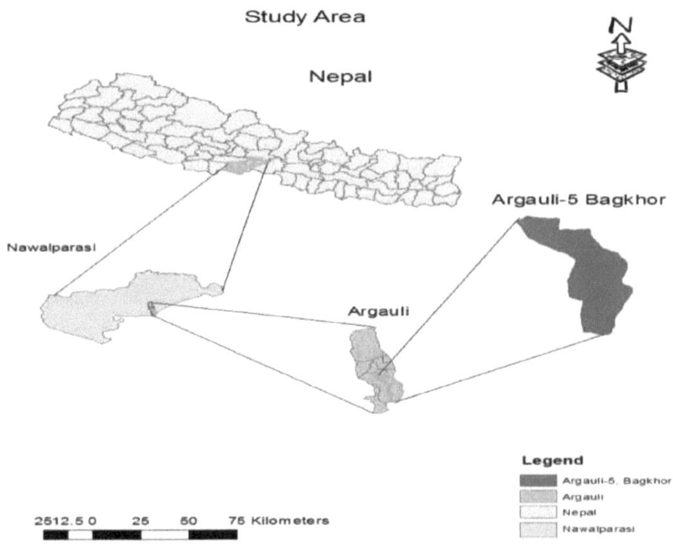

1.3 Justificação do estudo:

Com o crescente interesse em passar os tempos livres em instalações relacionadas com a natureza e a crescente sensibilização dos turistas para o ambiente, o ecoturismo tornou-se um dos segmentos da indústria do turismo que regista um crescimento mais rápido no mundo (UNWTO, 2001). A essência do turismo nepalês reside na beleza natural das colinas e montanhas rurais e nas suas comunidades indígenas com o seu estilo de vida e cultura místicos. Estes atributos naturais e culturais podem ser melhor vividos através de estadias em casas de família.

São três os princípios fundamentais do ecoturismo, a saber: (1) proteger o ambiente e reforçar a proteção da biodiversidade; (2) proporcionar benefícios financeiros às comunidades locais sem desrespeitar a cultura; e (3) proporcionar educação às comunidades indígenas, bem como aos visitantes (Blangy & Metha, 2006). No contexto nepalês, o principal objetivo do ecoturismo tem sido a promoção de uma relação simbiótica entre o turismo e o ambiente, com especial incidência na melhoria das economias das aldeias locais (Thapa, 2008). Com base nestes princípios, muitas populações locais do TAL e de outras zonas do Nepal estão a ser encorajadas a participar na gestão de empresas de alojamento em casas de família, incluindo a BZ do CNP. Na sua área de trabalho, o TAL está a prestar o apoio físico e técnico necessário às pessoas que pretendem explorar as casas de família. No entanto, ainda não foram estudadas as informações sobre a forma como o programa de alojamento em casas de família está a ajudar a atingir as metas e objectivos de conservação e desenvolvimento local. Para que o programa de alojamento em casas de família seja bem sucedido, é extremamente importante dispor de uma fonte de informação que forneça um sistema de feedback aos planeadores e gestores com base em estudos empíricos. Perante estes cenários, o estudo proposto tem como objetivo gerar algumas destas informações a partir de um dos destinos de ecoturismo mais importantes do Nepal, ou seja, a BZ da CNP.

1.4 Objectivos

O objetivo geral do estudo foi avaliar a contribuição do programa de hospedagem em casa de família na aldeia de Amaltari.

Os objectivos específicos eram os seguintes

- Estudar o fator motivacional inicial para a adoção da estadia em casa de família.
- Analisar a contribuição do programa de estadia em casa de família nos sectores económico, social e ambiental na área de estudo.
- Avaliar o nível de satisfação dos ecoturistas com os programas de hospedagem em casa de família

1.5 Limitações do estudo

Este estudo tem as seguintes limitações:

- Utiliza as informações e opiniões obtidas dos inquiridos. As opiniões tendenciosas dos inquiridos podem influenciar os resultados.
- Limitações de tempo e de orçamento.
- Falta de informação de base.

CAPÍTULO 2

REVISÃO DA LITERATURA

2.1 Turismo de habitação

O Merriam Webster Dictionary 2013 define 'homestay' como "uma estadia numa residência por um viajante e especialmente por um estudante estrangeiro visitante que é acolhido por uma família local". O mesmo dicionário revela ainda que o termo foi utilizado pela primeira vez em 1956. Os viajantes ou estudantes estrangeiros, durante o seu período de estudos, visitam outro local com um objetivo específico e podem ser acolhidos por uma família local, onde podem receber a hospitalidade tradicional e cultural com um reconhecimento caloroso. Normalmente, os estudantes que dispõem de recursos limitados, ou seja, dinheiro, podem usufruir da estadia em casa a preços mais baixos e satisfazer as suas necessidades.

O conceito de turismo de base comunitária foi cunhado pela primeira vez na década de 1970 (Mitchell e Muckosy, 2008). O atual turismo baseado na comunidade e em casas de família é o resultado da Cimeira do Rio de 1992, que deu origem ao conceito de desenvolvimento sustentável (Carnaffan, tese). No turismo em casa de família, o ambiente e a cultura são mercantilizados; o valor de mercado é criado com a procura do visitante. Isto proporciona uma recompensa financeira à comunidade indígena local pela conservação do ambiente e da sua cultura, podendo a conservação ser acrescentada ao projeto de desenvolvimento turístico sem custos para o financiador (Laurie et al, 2005). As abordagens convencionais do turismo centram-se basicamente no impacto económico, cultural ou ambiental, geralmente num único fator de cada vez. A abordagem dos meios de subsistência considera a interação múltipla entre estes diferentes factores, colocando o interesse da população local no centro (Teresa, 2006). No âmbito desta abordagem, o turismo é considerado como uma componente do desenvolvimento, dando ênfase à exploração de formas de expandir o impacto positivo do desenvolvimento e reduzir os negativos (Ashley, 2000). A necessidade, o interesse e as prioridades das pessoas pobres devem ser abordados em primeiro lugar antes de se atender ao objetivo qualitativo do ambiente e do desenvolvimento (Chamber 1986).

2.2 Evolução e desenvolvimento do programa de alojamento em casa de família

Após a apresentação das montanhas do Nepal, na década de 1950, ao mundo exterior, os turistas internacionais começaram a visitar o Nepal e a ser atraídos por essas belas montanhas através das muitas aldeias históricas e intocadas do Nepal. Gradualmente, a indústria do turismo deu um passo em frente, mas o principal problema continua a ser o facto de as receitas do turismo não serem distribuídas equitativamente por todas as partes do Nepal. O sector está centralizado na região central do Nepal. Por conseguinte, para resolver estas questões e para aliviar a pobreza nas zonas rurais, o governo introduziu o turismo de aldeia pela primeira vez em 1997. Sirubari (distrito de Syangja, oeste do Nepal) e Ghalegaon (distrito de Lamjung, centro-norte do Nepal) foram as duas primeiras aldeias a implementar o conceito de casa de família comunitária, o que constituiu um primeiro esforço do governo do Nepal para desenvolver o turismo de aldeia. (Thapa, 2010).

Durante o período de insurreição maoísta, que durou uma década (1996-2006), o sector do turismo no Nepal registou uma quebra acentuada. Contudo, após o acordo de paz global entre o governo e os maoístas em 2006, o sector do turismo do Nepal começou a crescer novamente. O Governo começou a formular uma nova política de turismo. Implementou a nova política de turismo em 2008 e formulou igualmente a política "Tourism vision 2020" para desenvolver o turismo sustentável. Para atingir o objetivo, o governo concebeu finalmente o procedimento de trabalho do programa de estadia em casa de família em 2010, que aborda a área do desenvolvimento do turismo sustentável no Nepal, bem como o ecoturismo. (HMGN/NPC/MOPE 2003)

O programa governamental "Ano do Turismo no Nepal 2011" é outra razão importante para impulsionar o turismo em casa de família no Nepal. O objetivo do governo era trazer um milhão de turistas durante o "Ano do turismo no Nepal 2011" e, de acordo com os números oficiais, havia 669 hotéis, incluindo todos os tipos de hotéis, com uma capacidade total de 26 063 camas no Nepal nessa altura. Se, durante o "Ano do turismo no Nepal 2011", um milhão de turistas tivesse visitado o Nepal, como previsto, isso significaria que haveria uma escassez de 822 camas numa base diária. Esta foi a razão pela qual o programa de alojamento em casa de família voltou a estar no centro das atenções. E embora o Ano do Turismo no Nepal não tenha sido totalmente bem sucedido, deu motivação a muitas empresas, sendo uma delas o desenvolvimento de casas de família em várias partes do país, incluindo destinos turísticos recentemente desenvolvidos. O objetivo não era apenas aumentar a capacidade de alojamento, mas também envolver os habitantes locais nas actividades turísticas e melhorar os seus rendimentos. (Royal Mountain Travel Nepal, 18 de dezembro de 2011).

2.3 Procedimento de trabalho das casas de família no Nepal

De acordo com o "homestay working procedure 2067", o Governo do Nepal definiu o homestay como um alojamento em que o anfitrião fornece alimentos, alojamento e outros serviços conexos aos seus hóspedes e o explora individualmente ou em grupos comunitários. O procedimento classificou ainda os alojamentos familiares em dois tipos: os alojamentos familiares urbanos, que são privados, e os programas de alojamento comunitário em aldeias. As casas de família urbanas são normalmente exploradas por anfitriões individuais e podem acolher apenas quatro hóspedes por dia, de modo a que não haja um impacto negativo na atividade hoteleira regular do país. No que respeita ao programa de alojamento em casa de família na comunidade da aldeia, este pode ser gerido por diferentes indivíduos do grupo, devendo haver pelo menos 5 famílias de acolhimento para gerir o alojamento em casa de família numa determinada comunidade. (MCTCA, 2010).

O programa de alojamento em casa de família é geralmente praticado em zonas remotas e rurais, onde os habitantes locais promovem a conservação de áreas como florestas, parques, locais de património, monumentos e vistas. As pessoas da comunidade local exploram as casas de família na sua própria casa a baixo custo e geram lucros a partir dos visitantes, oferecendo a cultura e os valores tradicionais locais. "O envolvimento da comunidade na exploração de casas de família proporciona uma oportunidade de emprego e melhora a qualidade de vida local" (Bhuiyan et al., 2011).

As directrizes do governo determinam que a família anfitriã deve oferecer aos seus hóspedes uma experiência cultural local e servir os produtos alimentares locais que a própria família anfitriã consome. As casas de família devem assegurar um ambiente higiénico, limpo, seguro, tranquilo e protegido, com instalações sanitárias adequadas. Para além das instalações de alojamento, sugere-se que a comunidade dê as boas-vindas ao turista com um arranjo tradicional completo, entretenha os visitantes através do desempenho cultural local, participe em funções tradicionais e conserve e desenvolva outros produtos turísticos para o turista, como a floresta comunitária para safari na selva, passeios turísticos, museu étnico, visita ao centro de artesanato local, etc. (MCTCA, 2010)

No código de conduta, os hóspedes também são convidados a vestir-se de forma adequada ao ambiente e a participar ativamente em quaisquer funções culturais da comunidade ou outros programas rituais. Não estão autorizados a pressionar o proprietário para obter alimentos, bebidas e instalações que não estejam disponíveis. Os hóspedes têm de comer o que a família de acolhimento lhes oferecer de forma respeitosa. Também lhes é pedido que tenham cuidado com qualquer comportamento invulgar (como actividades sexuais), que seja ofensivo para os valores socioculturais locais. Do mesmo modo, é-lhes pedido que entrem e saiam de casa apenas no âmbito da rotina prescrita pela família de acolhimento e que qualquer forma de consumo de drogas psicotrópicas é totalmente proibida em casa ou fora de casa. (MCTCA, 2010)

Para o processo de registo, tanto as casas de família comunitárias como as individuais podem ser registadas no departamento do Ministério da Cultura, do Turismo e da Aviação Civil (MoCTCA) do Governo do Nepal ou nos serviços de turismo a nível local. No que diz respeito ao alojamento comunitário, o pedido deve ser acompanhado de um documento de acordo assinado por, pelo menos, cinco membros do alojamento, que operam numa base comunitária, de bilhetes de identidade nacionais, do documento legal de propriedade e da carta de recomendação das autoridades locais. No caso de um certificado de propriedade de uma casa de família individual, o pedido deve ser acompanhado de um certificado de identidade nacional e de uma carta de recomendação das autoridades locais. Se todos os requisitos não forem cumpridos, será dado mais tempo ao grupo ou pessoa em causa para os melhorar e será efectuada uma visita ao local pelo gabinete autorizado.

(MCTCA, 2010)

Para o programa de hospedagem em casa de família da comunidade, o 'conselho da comissão de hospedagem' é obrigatório para a gestão adequada da hospedagem em casa de família na comunidade. O papel da comissão de acolhimento é muito importante. É responsável pela gestão do programa de turismo comunitário e pelas primeiras actividades de hospitalidade durante a chegada dos hóspedes; pela distribuição equitativa das casas (anfitriãs) aos visitantes, pela manutenção de um bom registo dos hóspedes e é muito importante manter uma contabilidade económica transparente, pela gestão do padrão de cada casa, pela conservação do património local e das culturas, pela organização do programa cultural para o turista, pela segurança e saúde do turista e muito mais. (MCTCA, 2010)

2.4 Os produtos para o programa de alojamento em casa de família

A palavra 'Homestay' é em si mesma um produto, mas no programa de homestay há mais produtos a serem encontrados. Esses produtos são as práticas da comunidade e os bens da nação. O Nepal é um país muito rico em natureza e cultura, que é aceite por todo o mundo. O Nepal tem um enorme potencial numa vasta gama de produtos turísticos. O país é dotado de um património natural e artificial muito diversificado. As variedades de castas e grupos étnicos dão um colorido diferente às tradições sociais e culturais. Os seus festivais, festas e celebrações são únicos. O hinduísmo e o budismo são seguidos pela maioria das pessoas, enquanto as culturas mongol e ariana estão profundamente enraizadas. (Sedai, 2006)

2.5 Satisfação do turista com a estadia em casa de família

Bigne, Sanchez e Sanchez (2001) definiram a satisfação como uma reação e o resultado da escolha feita com base na emoção e no bem-estar interior de um indivíduo. Além disso, as reacções também se referem ao ponto focal que é normalmente representado por um objeto que satisfaz os utilizadores num determinado destino. Estas reacções também se relacionam com momentos específicos considerados especiais, que são a pré-compra, a pós-compra e os efeitos posteriores à utilização de um produto ou serviço. Os investigadores identificaram muitos factores que contribuem para a satisfação do turista. Os factores comuns incluem a qualidade dos serviços, os aspectos de segurança (Norlida Hanim, et al., 2011; John e Ron, 2000), as infra-estruturas (Yeong, et al., 2010), os factores pessoais (Mutinda e Mayaka, 2012), os alimentos e as bebidas (Tak, et al., 2007), a rapidez (Norlida Hanim, et al., 2011) e assim por diante

CAPÍTULO 3

METODOLOGIA DE INVESTIGAÇÃO

Por natureza, esta pesquisa é de tipo descritivo e exploratório. Os resultados da investigação baseiam-se na perceção e na opinião da comunidade, dos visitantes e das partes interessadas da casa de família Amaltari.

3.1 Fontes de dados

Os dados e a informação foram recolhidos a partir de fontes primárias e secundárias. Os inquiridos da casa de família, os hóspedes que visitaram este local anteriormente e os membros do AHMC e a discussão em grupo são as fontes primárias de informação. Os jornais, os sítios da Internet, as diferentes publicações, o folheto sobre a casa de família de Amaltari obtido no escritório da WWF TAL e o sítio Web são as fontes secundárias de informação.

3.2 Métodos de recolha de dados

Para a recolha de dados primários e de informações para o estudo, foram utilizados os questionários constantes dos anexos 1 e 2. Foram efectuadas entrevistas não estruturadas a algumas pessoas ou peritos encontrados durante a visita de estudo. De igual modo, foram realizadas discussões com o grupo de referência, nomeadamente os habitantes locais e os peritos, para além dos inquiridos.

Para a recolha de dados secundários e de informações para o estudo, foram estudadas e citadas notícias relevantes em diferentes jornais, sempre que necessário. Foram utilizados sítios Internet para descarregar relatórios relevantes. Da mesma forma, artigos e livros publicados por diferentes investigadores, autores e agências foram estudados e citados sempre que necessário. A informação sobre a origem da casa de família Amaltari foi recolhida no folheto e no sítio Web.

3.3 Seleção de amostras

Foram estudadas as 21 casas de família da aldeia de Amaltari. No total, foram entrevistados 60 hóspedes em datas diferentes para recolher informações sobre a satisfação dos visitantes. Além disso, para obter algumas informações e sugestões relevantes para o estudo, foram contactados os membros da AHMC, TAL-Nepal, CNP e ABZ.

3.4 Apresentação de dados

Foram utilizados quadros, gráficos, diagramas e figuras, conforme necessário, para apresentar os dados numéricos. A informação subjectiva não numérica foi apresentada de forma descritiva.

3.5 Análise de dados

A informação recolhida através de vários métodos foi categorizada com base no objetivo do estudo. Foram efectuadas várias análises qualitativas e quantitativas para a investigação. Durante a análise dos dados, foi utilizada uma ferramenta estatística simples, como a frequência, a média, a percentagem, etc. Os resultados da análise foram apresentados através de vários modos, tais como tabelas, diagramas de barras, quadros e gráficos.

CAPÍTULO 4

RESULTADOS E DISCUSSÃO

4.1 Aspeto demográfico

Idade dos inquiridos

Num total de 81 inquiridos, 66,66% dos inquiridos pertenciam ao grupo etário dos 25 aos 40 anos, 24,69% ao grupo etário dos 0 aos 25 anos, 3,70% dos inquiridos ao grupo etário dos 40 aos 55 anos e 4,93% dos inquiridos ao grupo etário dos mais de 55 anos.

Inquiridos em função do género: Num total de 81 inquiridos, os inquiridos do sexo masculino representavam 59,25% e os do sexo feminino 40,75%. Os inquiridos do sexo masculino predominaram nos grupos de hóspedes, enquanto as inquiridas do sexo feminino predominaram no grupo de famílias de acolhimento.

4.2 Número de membros envolvidos na estadia em casa de família

O quadro seguinte apresenta a classificação por género do número total de membros da família de todos os agregados familiares envolvidos no alojamento em casa de família:

Quadro 1- Número de membros envolvidos no alojamento em casa de família

S.N	Gender	Number	Percent
1	Male	22	41.5%
2	Female	31	58.5%
3	Total	53	100%

Fonte: Inquérito de campo, 2015

Como mencionado acima, 53 membros desses 21 agregados familiares estão envolvidos nos negócios da casa de família. Desses membros, 58,5% são mulheres e 48,5% são homens. Isto mostra que a casa de família de Amaltari é basicamente dirigida e gerida por mulheres.

4.3 . Motivação da estadia em casa de família

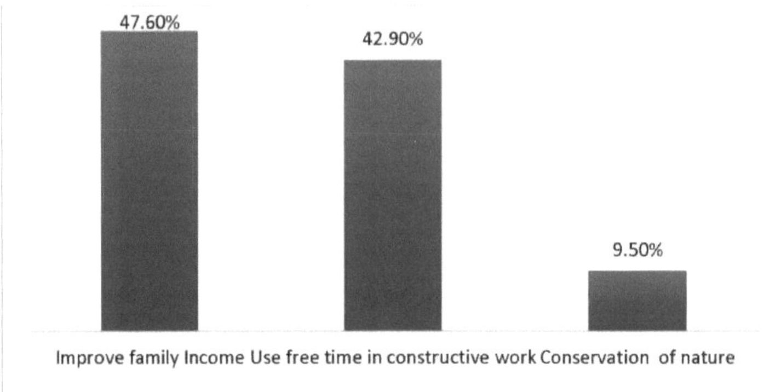

Figura 1-Motivação da estadia em casa de família

Fonte: Inquérito de campo, 2015

Os resultados acima apresentados mostram que a melhoria do rendimento familiar foi o fator inicial de motivação para 47,6% dos agregados familiares para a realização de estadias em casa de família. Da mesma forma, o uso do tempo livre em trabalho construtivo foi o fator chave para 42,9% dos agregados familiares e a conservação da natureza para 9,5% dos agregados familiares. Embora a maioria dos agregados familiares tenha concordado com a contribuição da estadia em casa de família para a preservação da cultura, o empoderamento das mulheres e a unidade social, nenhum destes agregados familiares expressou qualquer um destes dois factores como principais impulsionadores do negócio da estadia em casa de família.

4.4 . Outras profissões das famílias anfitriãs

Algumas das famílias anfitriãs estavam envolvidas em múltiplas profissões. As profissões alternativas em que os membros das famílias anfitriãs estavam envolvidos são a agricultura, o serviço em gabinetes governamentais ou instituições não governamentais ou privadas, guia turístico, trabalho, negócios privados, emprego no estrangeiro, etc.

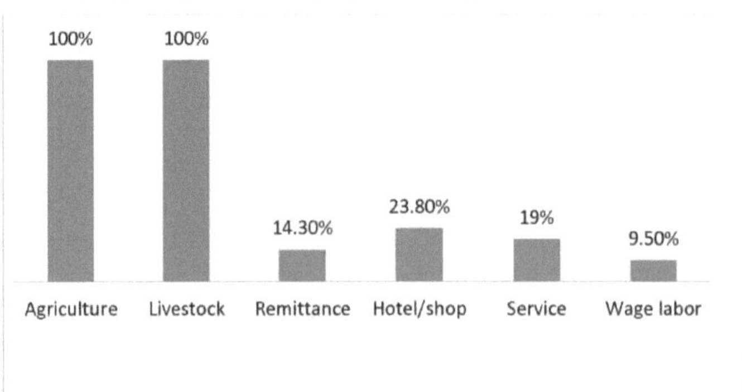

Figura 2-Outra profissão das famílias anfitriãs

De acordo com os resultados do estudo, 100% das famílias anfitriãs ou dos seus membros também se dedicavam à agricultura e à pecuária, 23,80% tinham também os seus próprios negócios privados em lojas privadas e hotéis, 19% trabalhavam em serviços, 14,30% trabalhavam, 4,5% tinham emprego no estrangeiro, 9,1% tinham emprego no estrangeiro e 9,50% eram também trabalhadores remunerados.

4.5 Capacidade e serviço das casas de família

4.5.1. Capacidade de alojamento instalada

O número de quartos e a capacidade de camas disponíveis para a estadia dos hóspedes na casa de família são indicados no quadro seguinte:

Quadro 2-Capacidade de alojamento instalada

S.N	Facilities	No of room	No of bed
1	Bedroom with attached bathroom	2	4
2	Total	42	84

Fonte: Inquérito de campo, 2015

Como mencionado na tabela, as famílias anfitriãs arranjaram 42 quartos para os hóspedes. Assim, numa noite, 84 hóspedes podem ficar nesta casa de família. Com esta capacidade em mãos, esta casa de família pode acomodar 30 mil seiscentas e sessenta pessoas por noite todos os anos.

No entanto, há flutuações sazonais no fluxo de hóspedes. Em alguns períodos de pico e excepcionais, os agregados familiares também conseguiram mais de 84 hóspedes num dia. Os dois hotéis privados geridos pela casa de família 8 e pela casa de família 11 também oferecem alojamento nas épocas altas. O comité de famílias de acolhimento de Amaltari planeou incluir mais casas nos próximos dias.

4.3.1. Serviços no quarto

Todos os quartos das casas de família têm casa de banho anexa e é possível encontrar um par de mesa e cadeira de estudo em madeira, uma pequena ferramenta, um espelho, um jarro de água, um copo de água, uma rede mosquiteira, um colchão, uma almofada e um cobertor coberto com roupa de algodão branco e um chinelo, tudo isto para descanso e comodidade dos hóspedes. Com base na informação fornecida pelos inquiridos, sabe-se que todas as casas de família limpam os quartos dos hóspedes e mudam as coberturas das camas todos os dias, conforme necessário.

4.3.2. Tendência observada dos hóspedes para gastar dinheiro

Quadro 3-Distribuição dos inquiridos de acordo com a tendência para gastar dinheiro.

Activities	Rank					
	1	2	3	4	5	6
Elephant Ride	0	0	15	2	3	1
Jungle Safari	0	0	4	16	1	0
Souvenirs	0	0	0	0	1	20
Cultural dances	0	21	0	0	0	0
Exploring homestay	21	0	0	0	0	0
Cart ride	0	0	2	3	16	0

Os hóspedes que visitam a casa de família na aldeia de Amaltari podem desfrutar de várias actividades ao ar livre, como explorar a casa de família, apreciar a comida cultural e dançar um safari na selva, andar de carroça, andar de elefante, visitar o CNP nas proximidades, ver o raro rinoceronte de um chifre, veados, aves e a beleza natural e a paz.

De acordo com os resultados, todos os agregados familiares (100%) observaram os seus hóspedes a explorar o alojamento em casa de família, que foi classificado em primeiro lugar, seguido da dança cultural, do passeio de elefante, do safari na selva, do passeio de carroça e das lembranças em último lugar.

4.6 Desempenho da casa de família Amaltari

Trata-se de um programa de alojamento em casa de família baseado na comunidade, mas que serve individualmente os seus hóspedes após a decisão tomada pelo comité de enviar os hóspedes para uma casa individual. Têm o seu próprio comité para gerir o programa de alojamento em casa de família e decidem todas as actividades administrativas, reservas, colocação e distribuição de rendimentos com acordo mútuo. O comité é responsável pela recolha de receitas e cobra 10% dos custos administrativos e distribui a todos os membros da comunidade.

4.6.1 Sazonalidade e ocupação:

O negócio de homestay em Amaltari é influenciado pelas estações do ano. Os meses de agosto, outubro, novembro, dezembro e janeiro (5 meses) são as épocas de maior atividade. Os hóspedes chegam à casa de família em conformidade. De acordo com os resultados, a maioria dos agregados familiares (61,90%) concluiu que novembro é a época alta e 14,30% concluíram que dezembro e janeiro são épocas altas. Do mesmo modo, 4,80% dos inquiridos concluíram que agosto e outubro são a época alta.

Quadro 4-Distribuição dos inquiridos sobre a sua perceção dos meses de pico do fluxo turístico.

S.N.	Peak months	No of respondents	%of respondents
1	Aug	1	4.80%
2	Oct	1	4.80%
3	Nov	13	61.90%
4	Dec	3	14.30%
5	Jan	3	14.30%
6	Total	21	100%

Fonte: Inquérito de campo, 2015

4.6.2. Entrada de hóspedes

O programa de alojamento em casa de família atrai gradualmente a atenção dos turistas no Nepal. O número significativo de hóspedes pode ser encontrado no programa de homestay. De acordo com os registos mantidos pela AHMC, cerca de 12 mil hóspedes visitaram o local no ano fiscal de 2013/14. A casa de família esteve em funcionamento apenas durante 5 meses durante esse ano. À medida que o local começou a ganhar fama, um grande número de hóspedes visitou o local para participar na formação no local ou numa visita de observação ao local ou numa excursão de um dia ao local. No ano fiscal de 2014/15, o fluxo de visitantes aumentou para cerca de 14 mil e 700. No entanto, devido a bloqueios e ao terramoto, o número de turistas internacionais foi muito baixo.

Tabela 5-Visitante nacional e internacional em 2013/2014 e 2014/2015.

Year	Domestic visitor	International visitor
2013/14	12000	44
2014/2015	14700	9
Total	26,700	53

Fonte: Inquérito de campo, AHMC 2015

4.6.3. Rendimento da atividade de alojamento em casa de família

De acordo com os dados fornecidos pelo comité de gestão do homestay, 21 famílias mantêm hóspedes. As receitas do turismo têm um impacto económico diferente para as pessoas locais, as receitas do turismo variam enormemente. A forma mais comum de ganhar dinheiro com o turismo é mantendo-os como hóspedes em casa.

Cobrarão dinheiro pelo alojamento, pela alimentação e pelos serviços oferecidos ao turista, o que constitui um rendimento direto do turista. No âmbito do rendimento do turismo, apenas o rendimento direto obtido com o turismo é considerado como rendimento do turismo para efeitos de estudo, embora tenha um impacto económico indireto e induzido (Daniel J. Stynes).

De acordo com os registos mantidos pela AHMC, o rendimento total no ano fiscal de 2013/14 foi de cerca de 78 lakhs. medida que o local começou a ganhar fama, um grande número de convidados visitou o local para participar na formação no local ou numa visita de observação ao local ou numa excursão de um dia ao local. No ano fiscal de 2014/15, o rendimento total foi de cerca de 57 lakhs.

Tabela 6-Rendimento da hospedagem em casa de família em 2013/2014 e 2014/2015.

S.N	Year	Total income
1	2013/2014	7800000
2	2014/2015	5700000
3	Total	1,3500000

Fonte: Registo AHMC, 2015

4.6.4S aviação de rendimentos provenientes de estadias em casas de família

Quadro 7-Poupança do rendimento da estadia em casa de família

S.N	Income saved from homestay	No of respondents	Percentage of respondents
1	25-50%	15	71.4
2	more than 50%	6	28.6
3	Total	21	100.0

Fonte: Inquérito de campo, 2015

Cerca de 71,4% dos inquiridos concluíram que poupam entre 25 e 50% do rendimento da estadia em casa de família, enquanto 28,6% dos inquiridos concluíram que poupam mais de 50% do rendimento da estadia em casa de família.

4.6.5 Actividades de promoção

Cerca de 28,30% dos hóspedes disseram que souberam deste local através dos seus amigos, familiares e redes sociais, e 45% dos hóspedes disseram que também ouviram falar do local em diferentes programas, reuniões de comissões e organizações. Da mesma forma, 11,70 por cento dos hóspedes disseram que obtiveram informações sobre este local através de agentes de viagens e 15 por cento dos hóspedes disseram que souberam deste local através de anúncios. A figura abaixo apresenta os resultados:

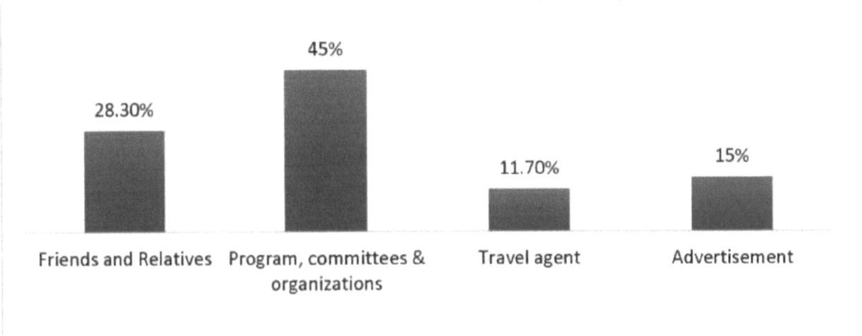

Figura 3 - Actividades promocionais

Isto mostra que esta casa de família está a funcionar em grande parte com o evento organizado pela casa de família e com o marketing boca-a-boca. Até à data, os meios de comunicação social, como os jornais, a televisão, a rádio e as agências governamentais, não foram utilizados para promover o evento.

4.7 Impacto económico

4.7.1 Infra-estruturas desenvolvidas na comunidade por famílias de acolhimento

Com o aumento do número de visitantes nas casas de família, as pessoas da comunidade estão a gerar uma boa quantia de dinheiro todos os meses. De acordo com o comité de gestão e os inquiridos, conseguiram construir uma casa confortável e de betão para viverem. Outras infra-estruturas desenvolvidas incluem torneiras de água potável em todas as casas, um posto de saúde numa aldeia e um salão de programas culturais. Disseram também que estão a planear alcatroar a estrada para a aldeia de Amalatari nos próximos anos.

4.7.2 Rendimento médio anual per capita (Rs) dos inquiridos por classe de riqueza

O rendimento total per capita do agregado familiar rico é de 7468,66 Rs e o rendimento total per capita do agregado familiar pobre é de 2716,5 Rs. O rendimento total per capita do agregado familiar rico proveniente do rendimento da estadia em casa de família é de 2486,73 rupias e o rendimento total per capita do agregado familiar rico proveniente do rendimento da estadia em casa de família é de 1917,71 rupias. A quota-parte da estadia em casa de família no rendimento total dos ricos é de

32,29% e a quota-parte da estadia em casa de família no rendimento total dos ricos é de 70,59%. Em termos absolutos, as pessoas ricas geram mais rendimentos, mas em termos relativos, as pessoas pobres geram mais rendimentos provenientes da estadia em casa de família, o que mostra que a contribuição do rendimento da estadia em casa de família é mais importante para os pobres do que para os ricos.

Quadro 8 - Rendimento médio anual per capita (Rs) dos inquiridos por classe de riqueza

Wealth Class	Annual average per capita income from (Rs)	Monthly average per capita homestay income (Rs)	Share of homestay in total income
Rich	7468.66	2486.73	33.29%
Poor	2716.5	1917.71	70.59%

Fonte: Inquérito de campo, 2015

4.7.3 Contribuição da estadia em casa de família para o sector económico

De acordo com as respostas, verificou-se que o impacto da estadia em casa de família no sector económico contribui mais para o aumento do rendimento da população local e para a criação de emprego para a população local, seguido da melhoria das infra-estruturas e da criação de fundos para investimento noutras actividades de desenvolvimento comunitário..04% dos inquiridos concordaram que as casas de família ajudaram a melhorar as infra-estruturas e 14,29% dos inquiridos concordaram que as casas de família ajudaram a gerar fundos para investimento noutras actividades de desenvolvimento comunitário.

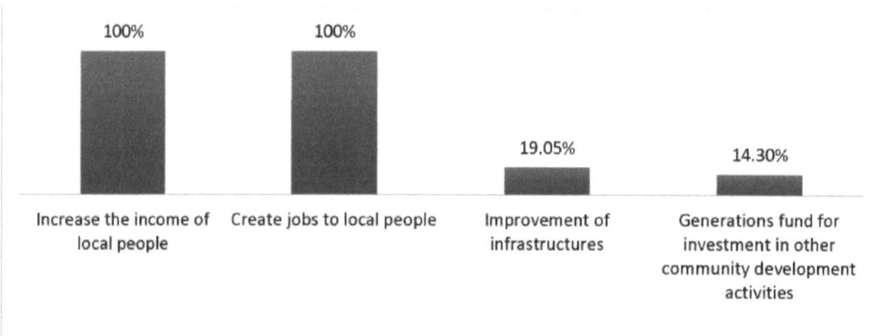

Figura 4-Contribuição do alojamento em casa de família para o sector económico

4.6.4. Preços dos terrenos na zona

Todos os inquiridos e o comité de gestão da casa de família de Amaltari disseram que o programa de casas de família aumentou significativamente o preço das terras da aldeia de Amaltari.

4.8 Impacto social

4.8.1 Instituições criadas por famílias de acolhimento

Amaltari homestay é um programa de homestay comunitário. A entrada e distribuição dos hóspedes é feita de forma rotativa. O número de hóspedes é distribuído igualmente todos os meses por cada família. Criaram um grupo de poupança e crédito.

4.8.2 Contribuição da estadia em casa de família no sector social

De acordo com os resultados, todos os inquiridos (100%) afirmaram que a estadia em casa de família aumentou o orgulho da comunidade e 85,7% dos inquiridos afirmaram que a estadia em casa de família melhorou a relação das pessoas com a comunidade. Do mesmo modo, 70% dos inquiridos afirmaram que a estadia em casa de família contribuiu para melhorar o nível de vida e deu poder às mulheres, 33,33% dos inquiridos afirmaram que a estadia em casa de família contribuiu para criar uma organização de base comunitária e 19,05% dos inquiridos afirmaram que a estadia em casa de família contribuiu para melhorar a educação.

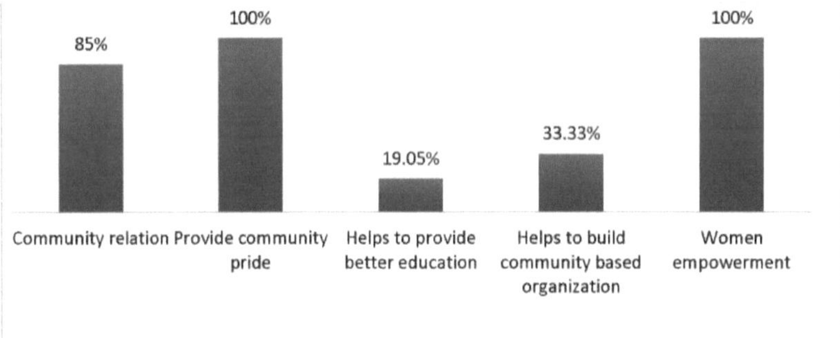

Figura 5-Contribuição das casas de família para o sector social

Fonte: Inquérito de campo, 2015

4.8.3 Alojamento em casa de família e empoderamento das mulheres

A estadia em casa de família proporcionou às mulheres a oportunidade de ganhar algum dinheiro para sustentar a sua família. Foi uma ampla utilização do seu tempo livre em trabalhos construtivos. As casas de família ajudaram a melhorar as relações das mulheres com a comunidade. Tornaram-se economicamente independentes e, ao mesmo tempo, mais poderosas. Tiveram a oportunidade de frequentar diferentes programas de formação relacionados com o turismo e as casas de família, que melhoraram as suas competências e capacidades. As suas capacidades de comunicação estão a melhorar, uma vez que têm de lidar com os seus hóspedes. O turismo está a desempenhar um papel importante para tornar as mulheres fortes, independentes, capazes e orientadas para os negócios. Elas estão a ganhar dinheiro e isso está a melhorar o seu nível de vida.

4.8.4Formação em matéria de competências e capacidades

As acções de formação para o desenvolvimento de competências são a forma de tornar as mulheres mais capacitadas e capazes. As mulheres e os jovens de Amaltari receberam várias formações de desenvolvimento de competências de organizações como o World Wildlife Fund (WWF), o comité de gestão BZ e a Taragaun Bikas Samiti.

Tabela 9-Tipos de formação, organizações de apoio, sua duração e participantes por sexo.

S.N.	Types of trainings	Supporting organization	Duration of the training	Participants	
				Male	Female
1	Tourist guide	BZ management committee	3 months	3	
2	Handicraft training	BZ management committee	3 months		50
3	Hospitality management	WWF	2 days (2 times)		21
4	Basic cook training	Taragaun Bikas Samiti	3 days		21

Fonte: Inquérito de campo, 2015

4.6.5. . Contribuição da estadia em casa de família para a capacitação dos jovens

Os jovens são os membros mais activos da sociedade. 85,71% dos inquiridos afirmaram que o programa de acolhimento em casa de família proporciona aos jovens um programa de formação orientado para o emprego. 80,95% dos inquiridos afirmaram que a estadia em casa de família proporciona o envolvimento direto dos jovens na mesma. A maioria dos membros do comité de acolhimento são jovens. Eles têm uma participação muito ativa no atendimento aos hóspedes, na gestão e nos programas culturais. 71,42% dos inquiridos afirmaram que as casas de família proporcionam educação e envolvimento.

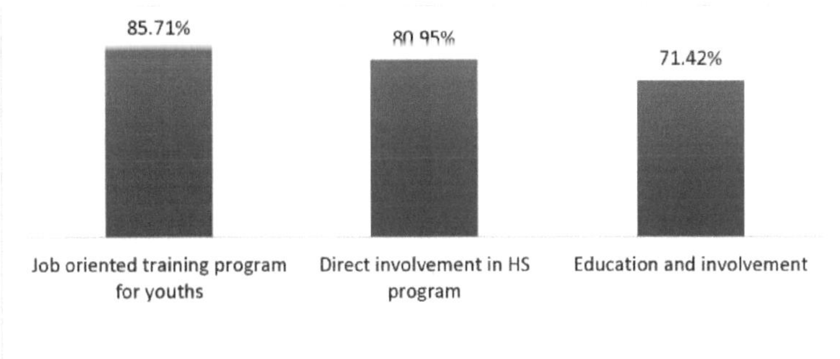

Figura 6-Contribuição da estadia em casa de família para a capacitação dos jovens

4.9 Aspeto cultural

4.9.1 Actividades culturais realizadas

A cultura Tharu é uma das principais atracções da casa de família Amaltari. De acordo com a perceção do visitante e do inquirido, a principal atração e atividade preferida do visitante é explorar a casa de família e a sua dança cultural. Algumas das actividades culturais realizadas são a visita ao templo, a celebração de festivais, programas de dança, comida cultural e a visita ao museu Tharu.

4.9.2 Conservação da cultura

A estadia em casa de família é a forma como pessoas com culturas e tradições diferentes são expostas umas às outras e partilham as suas normas e valores. Os hóspedes aprendem os valores e as normas locais e partilham as suas normas e valores com as famílias de acolhimento. Existe um grupo cultural com 10 homens e 15 mulheres que participam ativamente nas actividades culturais. O comité de gestão afirmou que 10% do rendimento total é afetado a actividades culturais.

4.10 Sector do ambiente

O ambiente é o pré-requisito, bem como o produto e a atração importantes de qualquer destino turístico. Um turismo bem planeado e gerido pode contribuir para a preservação do ambiente do destino, ao passo que o seu não reconhecimento pode degradar a atratividade do destino.

4.10.1 Contribuição das casas de família para o sector do ambiente

De acordo com os resultados, todos os inquiridos (100%) afirmaram que as casas de família sensibilizaram para a necessidade de conservação e aumentaram as actividades de plantação. 52,38% dos inquiridos afirmaram que as casas de família promoveram a educação ambiental. Do mesmo modo, 38,10% dos inquiridos afirmaram que a estadia em casa de família ajudou a estudar a potencial poluição da zona e 9,52% dos inquiridos afirmaram que a estadia em casa de família ajudou a introduzir fontes de energia alternativas.

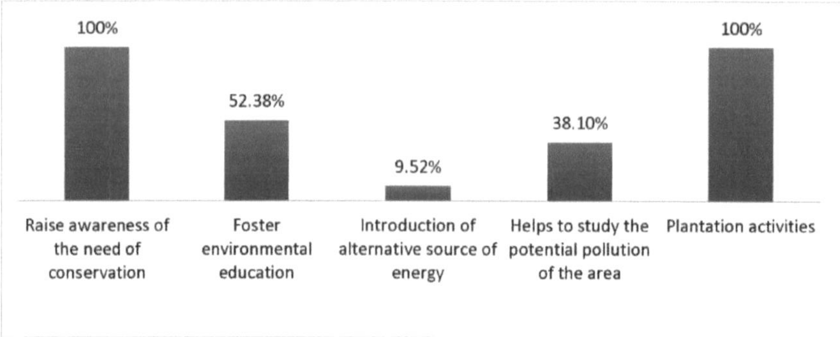

Figura 7-Contribuição das casas de família para o sector do ambiente

4.10.2 Taxa de consumo de lenha

A lenha é a fonte de energia mais importante em todas as povoações. Embora as fontes alternativas de energia sejam a eletricidade, o gás e o querosene, a taxa de consumo de lenha é muito elevada.

4.10.3. Contribuição do programa de hospedagem em casa de família para a conservação da biodiversidade

Como exemplo de ligação entre a população local e a natureza, o comité de consumidores da Zona Tampão de Amaltari, no âmbito do CNP, iniciou o programa de alojamento em 20 casas da comunidade Tharu em Agyauli-5. Vários sítios de ecoturismo, como as áreas de conservação e os parques nacionais, situam-se em zonas rurais com uma enorme diversidade ecológica e biológica e culturas indígenas fascinantes (Hawkins & Lamoureux, 2001, 63-72). A área de conservação de Annapurna, a área de conservação de Langtang e o parque nacional de Chitwan são os melhores exemplos de sítios comunitários e de ecoturismo no Nepal. Nestes locais, as pessoas da comunidade são responsáveis pela proteção da diversidade ecológica e biológica. As comunidades locais e os operadores de casas de família destes locais tentam atrair visitantes promovendo a beleza natural com a sua grande escala de conservação das florestas e do património que se situam a nível comunitário. Estas actividades ajudam a preservar a ecologia para a geração futura e também geram actividades económicas e aumentam os estilos de vida saudáveis e ricos. Argeuli VDC situa-se perto do Parque Nacional de Chitwan, um destino turístico famoso pela vida selvagem e pelos safaris na selva do Nepal. Sendo a biodiversidade uma das principais atracções da casa de família Amalatari, os membros da AHC trabalham como uma equipa de patrulha. O estabelecimento da casa de família na área aumentou a consciencialização e o interesse da população local pela conservação da biodiversidade.

4.10.4. Tipo de poluição e respetivo nível

O turismo causa a mesma forma de poluição que qualquer outro sector. Todos os inquiridos concluíram que o nível de poluição atmosférica, sonora e terrestre é baixo. 85,70 por cento dos inquiridos concluíram que o nível de poluição da água é baixo e 14,30 por cento dos inquiridos concluíram que é médio. 81% dos inquiridos concluíram que o nível de resíduos sólidos é baixo e 19% dos inquiridos concluíram que é médio. A crescente preocupação da população local e do comité de acolhimento conseguiu reduzir o nível de poluição. Realizam programas regulares de limpeza e instalaram anéis de recolha de lixo na zona de acolhimento.

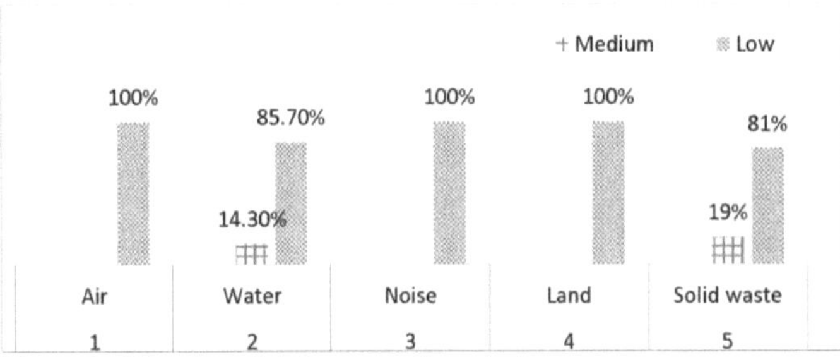

Figura 8 - Tipo de poluição e respetivo nível

4.11 Nível de satisfação do visitante

4.11.1 . Hospitalidade e serviço

A hospitalidade da comunidade de acolhimento para com os hóspedes foi também estudada através da perceção dos visitantes e da comunidade. 100% dos visitantes consideram que a comunidade de acolhimento é muito hospitaleira.

Tabela 10-Distribuição dos visitantes de acordo com a sua perceção sobre a hospitalidade e o serviço na área das casas de família.

Perception	Number	Percentage
Very hospitable	60	100%
Hospitable	0	0%
Poorly hospitable	0	0%
Total	60	100%

4.11.2 Comida e sabor:

A comida fornecida pela comunidade anfitriã aos hóspedes também foi estudada através da perceção dos visitantes e da comunidade. 60% dos visitantes consideraram que a comida fornecida era muito satisfatória, seguidos de 40% dos visitantes que concluíram que a comida era satisfatória.

Tabela 11-Distribuição dos visitantes de acordo com a sua perceção sobre a comida e o sabor na área de homestay.

Perception	Number	Percentage
Very satisfactory	36	60%
Satisfactory	24	40%
Poorly satisfactory	0	0%
Total	60	100%

4.11.3 Cultura e dança cultural

A cultura e a dança cultural oferecidas pela comunidade anfitriã aos hóspedes também foram estudadas através da perceção dos visitantes e da comunidade. 80% dos visitantes consideraram a comida oferecida muito satisfatória, seguidos de 20% dos visitantes que concluíram que a cultura e a dança cultural eram satisfatórias.

Tabela 12-Distribuição dos visitantes de acordo com a sua perceção sobre a cultura e a dança cultural na zona de acolhimento.

Perception	Number	Percentage
Very satisfactory	48	80%
Satisfactory	12	20%
Poorly satisfactory	0	0%
Total	60	100%

4.11.4 Informações

A informação fornecida pela comunidade anfitriã aos hóspedes também foi estudada através da perceção dos visitantes e da comunidade. 21,7% dos visitantes consideraram que a comida fornecida era muito satisfatória, seguidos de 70% que concluíram que a informação era satisfatória e 8,3% que concluíram que a informação era pouco satisfatória.

Tabela 13-Distribuição dos visitantes de acordo com a sua perceção sobre a informação na área das casas de família.

Perception	Number	Percentage
Very satisfactory	13	21.7%
Satisfactory	42	70%
Poorly satisfactory	5	8.3%
Total	60	100%

4.11.5 Sistema de transportes

O sistema de transporte fornecido pela comunidade anfitriã aos hóspedes também foi estudado através da perceção dos visitantes e da comunidade. 48,3% dos visitantes consideraram que a comida fornecida era muito satisfatória, seguidos de 30% que concluíram que o sistema de transportes era satisfatório. 21,7% dos visitantes concluíram que o sistema de transportes é pouco satisfatório.

Tabela 14-Distribuição dos visitantes de acordo com a sua perceção sobre a facilidade de transporte para a área de estadia em casa de família.

Perception	Number	Percentage
Very satisfactory	29	48.3%
Satisfactory	18	30%
Poorly satisfactory	13	21.7%
Total	60	100%

4.11.6 Meios de comunicação

Tabela 15-Distribuição dos visitantes de acordo com a sua perceção sobre os meios de comunicação na área de estadia em casa de família.

Perception	Number	Percentage
Very satisfactory	8	13.3%
Satisfactory	48	80%
Poorly satisfactory	4	6.7%
Total	60	100%

Os meios de comunicação fornecidos pela comunidade anfitriã aos hóspedes também foram estudados através da perceção dos visitantes e da comunidade. 13,3% dos visitantes consideraram a comida fornecida muito satisfatória, seguidos de 80% dos visitantes que concluíram que a comida era satisfatória e 6,7% dos visitantes concluíram que os meios de comunicação eram pouco satisfatórios.

4.11.7 Atracções e actividades

As atracções e actividades oferecidas pela comunidade anfitriã aos hóspedes também foram estudadas através da perceção dos visitantes e da comunidade. 71,7% dos visitantes consideraram que as atracções e actividades oferecidas eram muito satisfatórias, seguidos de 23,3% que consideraram a comida satisfatória e 5% que consideraram as atracções e actividades pouco satisfatórias.

Tabela 16-Distribuição dos visitantes de acordo com a sua perceção sobre as atracções e actividades na área da casa de família.

Perception	Number	Percentage
Very satisfactory	43	71.7%
Satisfactory	14	23.3%
Poorly satisfactory	3	5%
Total	60	100%

4.11.8 Segurança

A segurança proporcionada pela comunidade anfitriã aos hóspedes também foi estudada através da perceção dos visitantes e da comunidade. 78,3% dos visitantes consideraram que a segurança oferecida era muito satisfatória, seguidos de 21,7% que concluíram que a segurança era satisfatória.

Tabela 17-Distribuição dos visitantes de acordo com a sua perceção sobre a segurança na área da casa de família.

Perception	Number	Percentage
Very satisfactory	47	78.3%
Satisfactory	13	21.7%
Poorly satisfactory	0	0%
Total	60	100%

4.11.9 Preço

O preço da comida e dos serviços prestados pela comunidade anfitriã ao hóspede também foi estudado através da perceção dos visitantes, bem como da comunidade. 58,3% dos visitantes consideraram o preço dos alimentos e dos serviços prestados muito satisfatório, seguidos de 41,7% dos visitantes que concluíram que o preço dos alimentos e dos serviços era satisfatório.

Tabela 18-Distribuição dos visitantes segundo a sua perceção do preço da comida e dos serviços na área de estadia em casa de família.

Perception	Number	Percentage
Very satisfactory	35	58.3%
Satisfactory	25	41.7%
Poorly satisfactory	0	0%
Total	60	100%

4.11.10 Local e ambiente

A satisfação do hóspede com o local e o ambiente foi também estudada através da perceção dos visitantes e da comunidade. 83,3 % dos visitantes consideraram o local e o ambiente muito satisfatórios, seguidos de 16,7 % que concluíram que o local e o ambiente eram satisfatórios.

Tabela 19-Distribuição dos visitantes segundo a sua perceção do local e do ambiente na área de estadia em casa de família.

Perception	Number	Percentage
Very satisfactory	50	83.3
Satisfactory	10	16.7%
Poorly satisfactory	0	0%
Total	60	100%

4.12 Factores que influenciam o aumento da satisfação

Há vários factores que determinam o nível de satisfação. Alguns dos factores que consideram o aumento da satisfação são a diminuição do preço, o aumento da qualidade, o aumento das actividades e o aumento dos serviços. 28,3% dos inquiridos concluíram que a diminuição do preço pode aumentar o nível de satisfação e 95% dos inquiridos concluíram que o aumento da qualidade pode aumentar o nível de satisfação. Do mesmo modo, 86,7% dos inquiridos concluíram que o aumento das actividades pode aumentar o nível de satisfação e 88,3% dos inquiridos concluíram que o aumento dos serviços pode aumentar o nível de satisfação.

Tabela 20-Distribuição dos visitantes de acordo com a sua perceção sobre os factores que consideram o aumento da satisfação.

Options	No of Respondents	Percentage of Respondents
Decrease in Price	17	28.3%
Increase in Quality	57	95%
Increase in activities	52	86.7%
Increase in services	53	88.3%

4.13 Vontade de voltar a visitar

A vontade do hóspede de visitar novamente a casa de família também foi estudada através da perceção dos visitantes. 81,7% disseram que gostariam de visitar o destino novamente nos próximos dias e 18,3% disseram que não tinham a certeza de visitar novamente o destino.

Quadro 21-Distribuição dos visitantes segundo a sua perceção sobre a vontade de voltar a visitar.

Willingness to visit again	No of Respondents	Percentage of Respondents
Yes	49	81.7
don't know	11	18.3

CAPÍTULO 5

CONCLUSÃO E RECOMENDAÇÕES

Conclusão:

Apesar das potencialidades de crescimento e dos esforços envidados para promover o sector do turismo no Nepal, este não conseguiu contribuir significativamente para o PIB do país. Uma das razões para este fraco desempenho poderá ser a fraca capacidade de alojamento do sector do turismo no Nepal. Para desenvolver destinos turísticos alternativos, cumprir o objetivo do governo de 2 milhões de turistas até 2020 e distribuir os benefícios do turismo pelas pessoas comuns, o governo emitiu, em 2011, orientações para o funcionamento das casas de família. Incentivada pela visita à casa de família Tharu de Bardiya e com o apoio da TAL para promover meios de subsistência baseados na conservação, a comunidade Tharu de Amaltari, Nawalparasi, iniciou a sua aldeia de casas de família Amaltari Tharu desde maio de 2013.

A fim de estudar esta casa de família e o seu contributo para o sector social, o sector económico, o sector ambiental, a conservação da cultura, a capacitação das mulheres e dos jovens e a conservação da biodiversidade. Foram seleccionados 81 inquiridos diferentes, entre famílias anfitriãs, hóspedes e o comité de gestão da casa de família. Foi também efectuada uma discussão em grupo. As conclusões do estudo são apresentadas a seguir:

- Como exemplo de ligação entre a população local e a natureza, o comité de consumidores da Zona Tampão de Amaltari, sob a alçada do CNP, iniciou o programa de alojamento em 20 casas da comunidade Tharu em Agyauli-5, no distrito. O comité iniciou o programa em 20 casas para atrair turistas em 19 de maio de 2013. Este é o primeiro local do distrito de Nawalparasi a ter uma casa de família.
- Atualmente, existem 21 agregados familiares incluídos no sistema de homestay. Esta casa de família proporcionou emprego direto a 53 membros, a maioria dos quais são mulheres. Por conseguinte, surgiu como um exemplo de casa de família dirigida e gerida por mulheres no Nepal. Inicialmente, o rendimento e a utilização do tempo livre foram os principais factores que motivaram estes agregados familiares a optar pela profissão de anfitrião. Para além da hospedagem em casa de família, as famílias também exercem outras profissões, principalmente a agricultura.
- A capacidade atual desta casa de família é de 84 camas, o que representa 30 mil seiscentas e sessenta noites por ano.
- Nem o comité nem as agências governamentais fizeram muito para promover esta casa de família no mercado interno. Apesar da promoção insuficiente, foram registadas cerca de 26

mil setecentas e nove pessoas que visitaram o local até 30 de dezembro de 2015. Os visitantes, no entanto, obtiveram informações sobre este local através dos seus amigos, familiares e redes sociais, bem como através da participação em programas, reuniões e seminários.

- O negócio de homestay em Amaltari é influenciado pelas estações do ano. Os meses de agosto, outubro, novembro, dezembro e janeiro (5 meses) são as épocas de maior atividade, com o maior fluxo de visitantes em novembro.
- De acordo com os registos mantidos pelo AHMC, cerca de 27 mil hóspedes visitaram o local entre maio de 2013 e dezembro de 2015.
- A percentagem da estadia em casa de família no rendimento total dos ricos é de 32,29% e a percentagem do rendimento da estadia em casa de família no rendimento total dos pobres é de 70,59%. A contribuição do rendimento das casas de família é mais importante para os pobres do que para os ricos.
- De acordo com os registos mantidos pela AHMC, o rendimento total de maio de 2013 a dezembro de 2015 é de 1 crore 35 lakhs.
- De acordo com as respostas, verificou-se que a contribuição das casas de família para o sector económico é mais importante para aumentar o rendimento da população local e para criar postos de trabalho, seguido da melhoria das infra-estruturas e da criação de fundos para investimento noutras actividades de desenvolvimento comunitário.
- De acordo com as respostas, verificou-se que a contribuição das casas de família para o sector social é mais importante para o orgulho da comunidade, para o empoderamento das mulheres e para a melhoria das relações entre as pessoas da comunidade, seguida da melhoria do nível de vida, do desenvolvimento de organizações comunitárias e da oferta de melhor educação.
- De acordo com o grau de impacto da estadia em casa de família no sector do ambiente, verificou-se que a estadia em casa de família contribui mais para as actividades de plantação e para a sensibilização para as actividades de conservação, seguindo-se a promoção da educação ambiental e o estudo da poluição potencial.
- Os visitantes mostraram-se mais satisfeitos com o serviço e a hospitalidade, a cultura e o ambiente local e menos satisfeitos com o centro de informação ao visitante e os meios de comunicação.
- O aumento dos serviços, da qualidade e das actividades é mais importante para aumentar o nível de satisfação do que a diminuição do preço.

Recomendações:

Com base nos resultados da investigação e nas conclusões, foram feitas as seguintes recomendações para a sustentabilidade do turismo em Amaltari Tharu homestay.

- As instalações e os serviços de alojamento devem ser aumentados e melhorados.
- As instalações de informação devem ser melhoradas no destino. Inclui a possibilidade de acesso à Internet no destino, o sítio Web do destino, a afixação de informações suficientes no centro de informações e a sinalização adequada e a colocação de setas no itinerário.
- O pacote turístico cultural deve ser melhorado e os guias locais devem ser mais capazes de interpretar a história, a cultura e o estilo de vida dos Tharu. Deve ser elaborado um guia local que inclua todos os locais e temas das atracções turísticas em língua local Tharu e inglesa.
- Deve ser dada maior ênfase à melhoria do saneamento, da saúde pessoal e das condições de higiene através da sensibilização e de esforços coordenados com o Gabinete de Saúde Distrital.
- A tónica deve ser colocada na melhoria do nível de educação da comunidade.
- Devem ser iniciados esforços para reduzir a sazonalidade através do aumento do produto turístico e da publicidade/promoção.
- A comunidade deve ser mobilizada para manter a horta, os cogumelos, os alimentos locais, a pesca, etc.
- A fim de promover todos os sistemas de alojamento em casa de família através das suas políticas, o governo deve elaborar um programa abrangente de promoção de alojamento em casa de família.
- Organizar acções de formação para os agregados familiares, a fim de melhorar as suas competências em matéria de cozinha, prestação de serviços, hospitalidade e comunicação.
- Ligar a aldeia de Amaltari aos mercados (agências de viagens e turismo na capital e através da Internet) e aos potenciais visitantes estrangeiros.
- O governo deveria criar um programa abrangente de promoção de casas de família.
- Formulação de planos a longo prazo para o desenvolvimento e a sustentabilidade da casa de família.

CAPÍTULO 6

REFERÊNCIAS

Ashley, C. (2000). The impacts of tourism on rural livelihoods: Namibia's experience Working Paper 128. Londres: Overseas Development Institute.

Ashley, C. (2001). Pro-poor tourism strategies, expanding opportunities for the poor. Londres : Instituto de Desenvolvimento Ultramarino.

Bhuiyan, M.A.H., Siwar, C., Ismail, S. M. & Islam, R. 2011, The role ofhome stay for ecotourism development in east coast economic region. Jornal Americano de Ciências Aplicadas, 8: 540-546. Acedido em 12 de fevereiro, 2016, disponível : http://thescipub.com/abstract/10.3844/ajassp.2011.540.546.

Bigne, J. E., Sanchez M.I & Sanchez, J.(2001). Tourism image, evaluation variables and after purchase behavior: inter relationship, Tourism management, 22 (6) December.

Blangy, S., & Mehta, H. (2006). Ecoturismo e restauração ecológica. Journal forNature Conservation, 14 (3-4), 233-236.

Chambers, R. (1986). Sustainable livelihood thinking - An approach to poverty. Instituição de Estudos de Desenvolvimento, Universidade de Sussex, Brighton, Reino Unido , D.J.Telfer (Eds.), Tourism and

Desenvolvimento: Concepts and Issues (pp. 35-78). Clevedon: Cannel ViewPubliscaiton: 35-78.

Collie.P.e Hoeffler. A. (1998): On Economic Cause of Civil War.

Colvin, J.G., (1996). Ecoturismo indígena: o programa Capirona na província de Napo, Equador. Unasylva 187 (47), Roma: FAO.

Gangotia, A. (2013). Home Stay Scheme in Himachal Pradesh: A Successful Story of Community Based Tourism Initiatives (CBTIS). Global Research Analysis, 2(2), pp.206-207 Government ofNepal, National Planning Commission and Ministry ofPopulation and Environment Kathmandu, 2003.

HMGN/NPC/MOPE (2003), Sustainable Development Agenda for Nepal, His Majesty's

John C. C. & Ron E. 2000. Does national culture influence customers evaluation of travel service? Atest of hofstede's model of cross-cultural differences. Managing Service Quality 10 (6): 410-419.

Laurie, N. D., Andolina, R. e Radcliffe, S. A. (2005). Etnodesenvolvimento: Social Movimentos, criação de especialistas e profissionalização do conhecimento indígena no Equador. Trabalhando os Espaços do Neoliberalismo: Ativismo, Profissionalização e Incorporação. N. D. Laurie e L. Bondi.

MCTCA, (2010), Ministério da Cultura, Turismo e Aviação Civil, Homestay working procedure 2067, Acedido em 3 Nov 2015, disponível: http://www.tourism.gov.np/uploaded/pdf/homestayworkingprocedure-2067.

Merriam-Webster Dictionary.(2013) ,Acedido em 15 de março de 2015., disponível em: http://www.merriamwebster.com/dictionary/homestay.

Mitchell, J. e Muckosy, P. (2008). A Misguided Quest: Community-Based Tourism in América Latina. Parecer. Londres, ODI, Overseas Development Institute.

Mutinda, R., & Mayaka, M. (2012). Aplicação do Modelo de Escolha de Destino: Factores que influenciam a Escolha do Destino dos Turistas Domésticos entre os residentes deNairobi, Quénia. Tourism Management 33,1593-1597

Norlida Hanim Mohd Salleh, Tamat Sarmidi, Redzuan Othman, Abdul Hamid Jaafar & Raudha Md. Ramli, (2011). Kepuasan dan kesetiaan Pelancong Domestik Terhadap destinasi pelancongan Pulau Kapas. Journal ofTropical Marine Ecosystem (1) 10-21.

Royal Mountain Travel Nepal, Nepali Homestays December 18, (2011), Acedido em 15 Nov 2015, disponível em: http://blog.royalmt.com.np/nepali-homestays/.

Sedai, R. C. (2011), Tourism Accommodation Facilities in the Major Tourist Areas ofNepal, Nepal Tourism andDevelopmentReview. Vol. 1, Issue 1, 116. Acedido em 15 Out 2015, disponível em http://www.nepiol.info/index.php/NTDR/issue/view/482,

Stynes. Dsniel J. - "Impacto económico do turismo". Acedido em 5 Dez, 2015, disponível https://www.msu.edu/course/prr/840/econimpact/pdf/ecimpvol1.pdf

Tak, K. H., David, W., & Alvin, H. (2007). Tourist satisfaction, recommendation and revisiting in Singapore. Tourism Management 28 (4): 965-975.

Thapa, S. (2008), Paryatanma Samanti Soch (Feudalistic thinking in tourism). Kantipur, um jornal diário nacional, Katmandu: KatipurPublication, p. 5, 17 de setembro.

Thapa, K. (2010), Village Tourism Development and Management in Nepal: A Case Study of Aldeia Sirubari, ecoclub.com. . Acedido em 5 Dez,2015, disponível em: http://ecoclub.com/articles/488-sirubari-village-tourism-nepal. [Acedido em 22 Out 2015].

Theis, Carnaffan.Jane.sarah - 'Desenvolvimento e cultura no turismo de habitação responsável em Peru". Acedido em 5 Nov, 2015, disponível: https://theses.ncl.ac.uk/dspace/bitstream/10443/1043/1/Carnaffan%2010.pdf

Timilsina, P. (2012). Turismo em casa de família impulsiona economia de Ghale Gaon recuperado de http://www.gorkhapatra.org.np./rising.detail.php? Article_id=23200&cat_id=4 em 10.06.2013 às 11:52.

UNWTO, (2001). Compêndio de estatísticas do turismo. Madrid: Organização Mundial do Turismo das Nações Unidas (UNWTO).

UNWTO, (2002).Tourism and Poverty Alleviation, Madrid: Organização Mundial do Turismo das Nações Unidas (UNWTO)

Yeong, G. K., Bo, W. S. & Anita, E. (2010). The Relationship between food-related personality traits, satisfaction, and loyalty among visitors attending food events and festivals. International Journal ofHospitality Management 29 (2): 216-226.

ANEXO-1

QUESTIONÁRIO PARA O COMITÉ DE GESTÃO

1. Qual é o nome e o endereço do alojamento?
2. Quantos agregados familiares estão envolvidos no programa de estadia em casa de família?
3. Qual é o processo de formação do comité de gestão?
4. Processo de registo do comité de alojamento/estadia em casa de família? (quando/onde)
5. Como é que os hóspedes são distribuídos, regras e tendências no alojamento em casa de família?
6. Como são realizadas as actividades culturais no alojamento familiar? (Individualmente, atuação em grupo ou outro participante)
7. Como são promovidas as actividades culturais na casa de acolhimento?
8. Quais são as organizações que apoiam o programa de estadia em casa de família a nível técnico, financeiro, político e outros apoios institucionais?
9. O papel dos homens e das mulheres no alojamento domiciliário e no empreendedorismo?
10. Recebeu alguma queixa dos visitantes relativamente aos serviços e às instalações?
11. O que estão a fazer para promover o vosso programa de estadias em casa de família?
12. Quantos convidados recebeu este ano em comparação com o ano passado? Qual é a tendência?
13. Concorda que o programa de estadias em casa de família está a contribuir significativamente para a conservação dos recursos naturais e culturais: se sim, como, se não, o que não está a funcionar?
14. Como é que as mulheres são capacitadas pelo programa HS e qual é o papel das mulheres neste programa?
15. Como é que os jovens são capacitados e qual é o contributo do programa HS
16. Considera que as regras e os regulamentos do Governo do Nepal são favoráveis ao programa de estadia em casa de família?

ANEXO-2

QUESTIONÁRIO PARA INQUÉRITO AOS AGREGADOS FAMILIARES

Data: Coletor de dados: .....

1. Agregado familiar Não

a. Nome do inquirido .... Nome do chefe do agregado familiar ....

b. Idade da resposta anos .... Idade da cabeça de HHH ....

c. Sexo do respondente: i. Masculino □ii . Feminino □

d. Educação do inquirido .... Educação do chefe do agregado familiar

e. Religião: i. Hindu □ii Budista □

111. Muçulmano □iv . Cristão □v . Outros □

f. Etnia: i. Bhramin □ii . Chhetri □

iii. Tharu □iv . Outros □

g. Tamanho da família..........

j. Propriedade fundiária (em Kattha) da família do requerido:

i. Khet .... ii. Bari ....

iii. Gaderi .... iv. Kharbari .... v. Outros.......

Q.2 Há quanto tempo é que vocês (família) vivem aqui? ..... Anos

Q.3. Presta serviço de alojamento no seu domicílio?

i. SIM □ii . NÃO □[se a resposta for NÃO, passar a Q4]

Em caso afirmativo, i. Factores de motivação:

a) Melhorar o rendimento familiar
b) Utilizar o tempo livre em trabalho construtivo
c) Conservação da natureza
d) Conservação da cultura - intercâmbio cultural

ii. Há quanto tempo prestam este serviço? .... Anos

iii. Qual é o fluxo mensal de hóspedes nas épocas altas? .... Hóspedes

b. Gestão: i. Privada□ii . Comunitária □

Se privado, i. Certificadoii . Não certificada

c. Quantos turistas pode acolher por dia?..............................

d. Duração média da estadia por turista na sua casa de família?..... dias

e. Em que meses recebe o maior número de turistas no seu alojamento?...................................

f. Qual é a ....percentagem de turistas nacionais que visitam a sua casa de férias?

g. Quais são as instalações básicas que estão a fornecer?

S.N	Facilities	YES	NO
1	Private Bedroom		
2	Kitchen Access		

h. Obteve algum empréstimo para estabelecer uma estadia em casa de família? Se foi concedido algum outro empréstimo, mencionar.

Sim □Não □

Em caso afirmativo i. Cooperativas locaisii . Governoii Banco privado

iv WWFv . Outros

Q. 4. Se não está a explorar um serviço de alojamento em casa de família, indique três razões mais importantes para não estar a explorar um serviço de alojamento em casa de família.

a) Primeira razão mais importante: ....

b) Segunda razão mais importante: ....

c) Terceira razão mais importante: ....

Aspeto económico:

P.l. Quais são as principais fontes de rendimento da sua família (registar o rendimento do último ano)? Especificação de cada categoria de rendimento.

S.N	Income sources	Amount in Rs./year	Rank
1.	Agriculture		
2.	Livestock		
3.	Remittance		
4.	Pension		
5	Tourism(homestay) activity		
6.	Service		
7.	If others specify		

2. Quantas pessoas estão diretamente envolvidas na atividade turística? O que é que elas fazem?

S.N.	Heading of income	No of people involved	
		Male	Female
1.	Running home-stay		
2.	Selling handicraft		
3.	General store		
4.	Renting out vehicle		
5.	Guide to tourism		
6.	Transportation service		
7.	If others specify		

3. Que percentagem do rendimento total da atividade turística é poupada?

i. Menos de 25% ii. 25-50% iii. mais de 50%

4 Quais são as infra-estruturas desenvolvidas na sua comunidade através do acolhimento em casa de família? a...

b............................

c............................

5 Quantos hóspedes visitam a casa de campo por mês e qual o seu fluxo mensal?

6. contribuição da hospedagem domiciliária no sector económico

S.N	Impacts	Yes	No
1	Increase the income of local people		
2	Create jobs to local people		
3	Improvement of infrastructures		
4	Generations fund for investment in other community development activities		

7. Dinheiro gasto por esses turistas em diferentes actividades? Classifique-as.

S.N	Activities	Rank
1	Elephant Ride	
2	Jungle Safari	
3	Souvenirs	
4	Cultural dances	
5	Exploring homestay	
6	Cart ride	

9. Alojamento em casa de família no local aumenta o preço do terreno na zona?

Aspeto social

1. Quais são as instituições criadas após o programa de estadia em casa de família?

2. A relação entre as pessoas da comunidade melhorou após o programa de estadia em casa de família?

i. muito bom ii. bom iii. igual iv. pior ....

3. Contribuição da estadia em casa para o sector social

Impacts	Yes	No
Provide community pride		
Help to enhance the standard of life		
Helps to provide better education		
Helps to build community based organization		
Women empowerment		

3. Que tipos de formação em matéria de competências e de reforço das capacidades são proporcionados à população local?

S.N.	Activities	Supporting organization	Duration of the training	Participant/hh	
				Male	Female
1	Tourist guide				
2	Handicraft training				
3	Organic farming				
4	Hospitality management				
5	If others specify				

Aspeto cultural:

1. Que tipo de actividades culturais são realizadas?

(Visita ao templo, celebração do festival, programas de dança, comida cultural, visita ao museu

Tharu, etc.)

2. Como é que o programa de estadia em casa contribuiu para a capacitação dos jovens?

Activity	YES	NO
Job oriented training program for youths		
Direct involvement in HS program		
Education and involvement		
If others specify		

3. A estadia em casa de família contribuiu para a conservação da cultura?

i.SimI ☐ iiNão ☐ iii. Não sei ☐

Impactos ambientais:

1. Contribuição do turismo para o sector do ambiente.

S.N	Impacts	Yes	No
1	Raise awareness of the need of conservation		
2	Foster environmental education		
3	Introduction of alternative source of energy		
4	Helps to study the potential pollution of the area		
5	Plantation activities		
6.	Sanitation program		

2. Consumo de lenha

a. altob . médioc . baixo

3. tipo de poluição e seu nível

S.N	Pollution	High	Medium	Low
1	Air			
2	Water			
3	Noise			
4	Land			
5	Solid waste			

Outras questões:

1. O acolhimento de hóspedes do HS afecta a privacidade da sua família?

2. Encontrou algum hóspede que não respeitasse os seus valores morais e culturais?

3. Até que ponto é que os seus filhos se sentem confortáveis com o facto de os convidados do HS estarem habitualmente em sua casa?

4. Que apoio governamental pretende para o apoio ao programa SSH?

ANEXO-3
QUESTIONÁRIO PARA O INQUÉRITO AOS VISITANTES

1. Nome do visitante: 2. Data da visita:
3. Sexo do visitante4 . Idade do visitante:
5. Endereço do visitante:
6. Já visitou anteriormente uma casa de família? a. Primeira vezb . Segunda vez

7. Numerosas cronometradas . Não tenho a certeza

7. Como é que se soube desta estadia em casa de família?

a. Amigos e familiaresb . Programa, comités e organização c. Agentes de viagens

d. Publicidade

8. Nível de satisfação

S.N.	**List of things or activities**	Satisfied(1)	Neutral(2)	Dissatisfied(3)
1	Service and hospitality	1	2	3
2	Food and taste	1	2	3
3	Culture and cultural dance	1	2	3
4	Tourist information center	1	2	3
5	Transportation facility	1	2	3
6	Communication	1	2	3
7	Attraction and activities	1	2	3
8	Security	1	2	3
9	Price of food and services	1	2	3
10	Local place and environment	1	2	3

9. Que fator deve ser considerado para aumentar a satisfação dos turistas?

Options	Yes	No
Decrease in Price		
Increase in Quality		
Increase in activities		
Increase in services		

lO.Gostaria de voltar a visitar o país? a. Sim b. Não . Não sei

CHAPA FOTOGRÁFICA

WEL COME

MIX
Papier aus verantwortungsvollen Quellen
Paper from responsible sources
FSC® C105338

Printed by Books on Demand GmbH, Norderstedt / Germany